员工食堂的一年四季

国网上海市电力公司后勤工作部　编

上海科学普及出版社

本书编委会

主　　任：陈　军
副主任：何　蓉　　毛　霆
委　　员：（按姓氏笔画排序）
　　　　　丁　军　　刘春华　　冯　玮　　杨艳芳　　蔡　金
编写组组长：何　蓉
编写组副组长：杨艳芳
编写组成员：（按姓氏笔画排序）
　　　　　王　斌　　张华威　　徐　涛　　盛　誉　　密惠元　　樊杰英
技术顾问：孙建明　　陈延镜　　茹雅娟
图文策划：王娴婷　　汪晓君　　顾薇君
图片摄影：欧阳宝平

卷首语

食堂管理既是企业关爱员工生活的一个载体，也是企业文化建设的一个重要组成部分。对广大员工来讲，可能只是工作日在公司吃一顿早饭或中饭，是一件小事。但是，对于食堂来讲，却是一件头等大事。希望员工吃出健康，吃出满意。"大锅菜做出小锅菜味"、"食堂吃出家的温馨"，应该是每一个食堂餐饮团队最大的追求。

一个企业的职工食堂用餐人群是相对固定的，厨师队伍也是相对稳定的，菜肴口味如何变化？当一些老厨师们渐渐退休，他们手里的绝活又如何传承？多家企业食堂除了每年举行的技能比武，是否还有更好的交流和学习的方式呢？"回归自然"是我们向往的生活方式，身处城市，时时生活在人工创设的环境中，我们对自然的感知越来越淡漠，按时令饮食品种又会比较单一，怎样让员工吃到时令的味道呢？

为贯彻落实公司今年年初提出的"共同的事业、共同的家园"主题系列活动，国网上海市电力公司后勤工作部组织各单位后勤管理部门和45家职工食堂共同努力，搜集整理了一系列具有各个区域特色的本帮美味菜肴，选用最家常的食材，最传统的烹饪方式，因时而食、顺其自然，做出专属于家人的健康美味。

《家·饭堂——员工食堂的一年四季》的出版发行，凝结了多位厨师和专家们10个月的心血，也是食堂管理创新的一种尝试，不仅仅为45家职工食堂丰富员工膳食提供了参考，也能帮助员工比较容易地学习和掌握传统上海本帮菜的烹制方法，可以在工作之余为家人制作出一道道健康美味的时令菜肴。

本书在编写过程中得到公司各下属单位以及45家职工食堂的支持，特别是得到了上海市南电力（集团）有限公司、上海久隆电力（集团）有限公司、上海东捷建设（集团）有限公司、上海电力高压实业有限公司、上海新电后勤服务有限公司的大力支持，一并在此表示感谢。

编者
2015年10月

目录 CONTENTS

004 白斩崇明家户鸡

014 暴腌五花肉蒸厚百叶

022 葱油蚕豆

032 香干马兰头

春

白斩崇明家户鸡	004
清蒸淀山湖白丝鱼	006
豆豉扇形鲈鱼	008
肉糜蛋卷	010
小葱肉皮	012
暴腌五花肉蒸厚百叶	014
草头圈子	016
红烧小黄鱼豆腐	018
韭菜目鱼	020
葱油蚕豆	022
上汤芦笋	024
酒香草头	026
八宝辣酱	028
白灼芥兰	030
香干马兰头	032
油焖春笋	034

034 油焖春笋

036 荠菜豆腐羹

荠菜豆腐羹	036	青团	044
腌笃鲜	038	芹菜锅贴	046
葱油饼	040	下沙烧卖	048
鸡粥	042		

038 腌笃鲜

040 葱油饼

046 芹菜锅贴

054 糯米荷叶鸡

058 糟熘鱼片

064 本帮油爆虾

夏

黑椒牛仔骨	052
糯米荷叶鸡	054
特色熏鱼	056
糟熘鱼片	058
黄鳝咸肋	060
响油鳝丝	062
本帮油爆虾	064
海参熘蛋	066
秋葵炒肉片	068
腌菜毛豆烧带鱼	070
莼菜烩河虾仁	072

蚌肉炒韭菜	074
萝卜干炒毛豆	076
手撕茄子	078
罗汉上素	080
酱瓜白扁豆	082
糖醋藕片	084
丝瓜毛豆	086
野茭白头咸菜青豆	088
瓜茸汤	090
苦瓜鸭汤	092
飘香雪影	094
葱油拌面	096
冰糖枸杞银耳羹	098
果脯绿豆汤	100
皮蛋瘦肉粥	102
杂果西米露	104
椰子冻	106

084 糖醋藕片

092 苦瓜鸭汤

094 飘香雪影

秋

一品糯香仔排	110
枣梅仔排	112
陈皮牛肉	114
板栗鹅块	116
香酥鸭	118
毛蟹年糕	120
海鲜山水蛋	122
蒜泥茼蒿	124
葱油金瓜丝	126
荠菜山药	128
荷兰豆金针菇	130

120 毛蟹年糕

124 蒜泥茼蒿

128 荠菜山药

134 玉米排骨汤

136 海鲜酥桶

138 核桃蛋糕

140 南瓜糕

番茄土豆蛋汤	132
玉米排骨汤	134
海鲜酥桶	136
核桃蛋糕	138
南瓜糕	140
车前子薏米粥	142
杏仁玉枣粥	144

142 车前子薏米粥

148 红焖猪蹄

冬

红焖猪蹄	148
走油肉	150
红烧肉	152
本帮红烧狮子头	154
冰糖羊肉	156
酸汤肥牛	158
虎皮黄酱	160
扣三丝	162
萝卜烧肉	164
四喜烤麸	166
五香素鸡	168
香菇面筋	170

160 虎皮黄酱

164 四喜烤麸

154 本帮红烧狮子头

萝卜排骨汤	172
罗宋汤	174
酸辣汤	176
肉松海苔酥	178
南瓜血糯粥	180
南汇菜饭	182
砂锅馄饨	184
木瓜蛋挞	186

172 萝卜排骨汤

174 罗宋汤

180 南瓜血糯粥

184 砂锅馄饨

186 木瓜蛋挞

010 肉糜蛋卷

016 草头圈子

028 八宝辣酱

062 响油鳝丝

080 罗汉上素

118 香酥鸭

122 海鲜山水蛋

150 走油肉

158 酸汤肥牛

166 萝卜烧肉

170 香菇面筋

182 南汇菜饭

178 肉松海苔酥

春种

春，万物初发，生机勃勃，正是下种之时。上海人尤爱这个季节，
特别是这个季节的嫩鲜。"春雷一声响，馋虫爬肚肠"，
山间的春笋，地头的荠菜、草头、马兰头……
会吃的上海人用它们做出一道道美味，春天铺满了餐桌。

图书在版编目（CIP）数据

家·饭堂/国网上海电力公司后勤部工作部编.--上海：上海科学普及出版社，2015.11
ISBN 978-7-5427-4578-1

Ⅰ.①家… Ⅱ.①国… Ⅲ.①菜谱 Ⅳ.①TS972.12

中国版本图书馆CIP数据核字(2015)第258531号

责任编辑　吕　岷　诸黎敏

家●饭堂

作者：国网上海市电力公司后勤工作部
出版发行：上海科学普及出版社
地址：上海中山北路832号
邮政编码：200070
网址：www.pspsh.com
印刷：上海惠敦印务科技有限公司
　　　上海久隆电力（集团）有限公司
开本：16开　720×960
印张：12.5
字数：50千字
出版日期：2015年12月　第1版　第1次印刷
印数：1-2000
书号：ISBN 978-7-5427-4578-1
定价：29.80元
本书建议类别：美食类、生活类

木瓜蛋挞

选送单位： 上海市南电力（集团）有限公司
食堂名称： 市南集团工程公司食堂
菜品原创人：谭月英

主　料

挞皮

奶油	120克
糖粉	40克
鸡蛋	20克
面料	160克

挞液

蛋黄	8只
牛奶	360毫升
淡奶油	100毫升
糖	90克
木瓜	100克

🍲 烹饪工艺

1. 木瓜去皮切成小丁。
2. 碗中倒入淡奶油、牛奶、糖、炼乳，加热不断搅拌，直至糖全部溶解。
3. 冷却后加入蛋黄和低筋面粉搅拌。
4. 拌均匀后过筛即成蛋挞水，备用。
5. 将高筋面粉、黄油、适量水搅拌均匀。
6. 包入黄油，三折三醒。
7. 擀开用模具压成圆形皮。
8. 揿入蛋挞模中加入蛋挞水和木瓜丁。
9. 烤箱温度设置210℃。烤25分钟即可。(烤箱预热　上火200℃，下火230℃)。

【木瓜蛋挞】

砂锅馄饨

选送单位: 国网上海市电力公司市北供电公司
食堂名称: 市北公司宝山基地食堂
菜品原创人:桂玉英

主　料		辅　料	
肉糜	500克	鸡汤	适量
鸡毛菜	300克	蛋皮丝	少许
馄饨皮	500克	紫菜	少许
大米	800克		
咸肉	100克		

 **烹饪工艺**

1. 青菜洗净后,锅内清水大火烧开,倒入青菜焯水2分钟捞起。捞起后用冷水冲净,沥干水分,用刀切碎成菜末,用盐、香油、少量胡椒粉搅拌均匀。
2. 肉糜内加入鸡蛋、盐、生抽、少量清水,按顺时针方向搅拌上劲。
3. 把青菜倒入肉糜内搅拌成黏性。
4. 将皮子放在手掌中放入馅心在皮中央,折成大馄饨生胚。
5. 锅内水大火烧沸后,下馄饨生胚,用铁勺背靠着锅边顺锅底轻轻推动,以防馄饨粘连至馄饨浮起,中途加少许冷水3次,煮沸片刻,随即捞起。
6. 调整鲜汤,将馄饨盛入调制好的鲜鸡汤砂锅内,撒上蛋皮丝、葱花、紫菜,随跟辣酱和六月鲜小碟。

【砂锅馄饨】

南汇菜饭

选送单位： 国网上海市电力公司浦东供电公司
食堂名称： 浦东公司南汇基地食堂
菜品原创人：倪春军

主　料	
大米	800克
咸肉	100克

辅　料	
小青菜	100克

🍲 烹饪工艺

1. 咸肉洗净切成小丁待用。
2. 青菜摘去老叶放入水中浸泡洗净，捞起沥干。
3. 将青菜切碎（最好切得象咸肉丁一样大小）。
4. 大米略淘醒1小时左右，沥干待用。
5. 锅上火加热，倒入油加青菜粒、咸肉粒煸香，炒匀。放入大米、水、盐等再继续炒制，待快炒干时加盖，文火焖25分钟左右，最后加一点猪油拌匀增香即可。

TIPS

咸肉菜饭是老上海的特色美食，走在上海的大街小巷，总会看到些经营咸肉菜饭的店铺，门面不算华丽，却能吸引本地和外地的游客坐下来，点一碗咸肉菜饭，再来一碗骨头汤。有很多人垂涎其美味而流连忘返。

[南汇菜饭]

南瓜血糯粥

选送单位： 国网上海市电力公司
食堂名称： 公司本部食堂
菜品原创人：张伟

主　料	
大米	100克
黑米	100克
糯米	50克
南瓜	100克

辅　料	
白糖	100克
松子	10克

🍲 烹饪工艺

1. 将大米、黑米、糯米放入锅中，加水煮烂成血糯米粥，加糖拌匀。
2. 将南瓜烧熟打成泥。
3. 将南瓜泥放入盆子的中间、将血糯米粥放入外圈，中间放入松子即可。

TIPS
滋补养颜、绿色甜品。

【南瓜血糯粥】

肉松海苔酥

选送单位： 上海闸北电厂
食堂名称： 闸北电厂食堂
菜品原创人：许文

主　料	
低筋粉	210克
高筋粉	20克
黄油	15克
鸡蛋	25克
糖粉	15克
酥皮油	130克

辅　料	
肉松	250克
海苔	10克
花生仁	10克

烹饪工艺

1. 将面粉、水、盐、黄油及鸡蛋液搅拌均匀成团，醒20分钟待用。
2. 将酥皮油用食品油纸包成长方形，并用擀面棍将油脂擀制成长方形待用。
3. 用擀面棍将冷水面团擀制成长方形，长度是油脂面团长度的2倍，宽度与油脂面团的宽度一样，然后用冷水面团将油脂面团包住。
4. 擀制、折叠，将包好油脂的面团用擀面棍擀薄，一折三，再擀薄一折三，醒10～15分钟，然后再擀薄一折三，重复2次。
5. 用擀面棍擀制面团成长方形，包入馅即可，用蛋液涂在成形的面团上，撒上少许白芝麻。
6. 烤箱预热至200℃，成品放入烤箱烤20分钟即可。

【肉松海苔酥】

酸辣汤

选送单位： 国网上海市电力公司市北供电公司
食堂名称： 市北公司本部食堂
菜品原创人：杨天红

主　料	
豆腐	1盒
鸡蛋	1只
肉丝	50克
香菇丝	20克
火腿丝	少许

辅　料	
香菜	少许
笋丝	20克
胡萝卜	20克

烹饪工艺

1. 选用猪腿肉切成火柴梗丝，放入盐、酒、生粉上浆待用。
2. 将盒装豆腐取出改刀切丝，放入热水锅中焯水后置入冷水中浸泡待用。
3. 香菇去根洗净加水，料酒上笼蒸20分钟，凉后改刀切丝待用。
4. 火腿上笼蒸后改刀切丝待用。
5. 取鸡蛋1只，放入盛器内滑散待用。
6. 锅烧热放油，待油温升至四层热倒入已浆肉丝滑油至断生捞起沥油待用。
7. 锅内留余油放入姜末煸香，加汤汁调料倒入豆腐烧至入味再倒入肉丝推匀勾芡淋醋，撒上葱花滴麻油出锅装盘。

TIPS

经焯水后的豆腐丝用淡盐水略浸，醋要在关火后均匀加入。

[酸辣汤]

罗宋汤

选送单位： 上海市南电力（集团）有限公司
食堂名称： 市南集团闵行分公司食堂
菜品原创人：顾一鸣

主料		辅料	
白心土豆	1个	大蒜头	1个
包菜	1个	山楂	2个
洋葱	半个	番茄沙司	少许
番茄	2个		
牛腿肉	500克		

🍲 烹饪工艺

1. 先将洋葱、土豆、番茄切成小块，牛肉洗净切小块，包菜洗净，手撕成片。
2. 牛肉洗净切成小片，冷水锅焯水，出锅洗净。
3. 锅内加水，入蒜瓣2个，山楂2个，放入牛肉片，大火烧开后，将蒜瓣和山楂滤出，转小火炖至肉酥。锅内加黄油，分类把剩余原料煸香，断生。
4. 锅内加黄油、番茄沙司，番茄炒出红油，再加入洋葱、包菜，炒至断生。
5. 牛肉汤过滤后加入锅中煮沸，加入牛肉、土豆烧开后文火炖煮，再加入煸炒好的洋葱、包菜和调料，水开后把炒好的面粉趁热放入汤中，搅匀，再熬制5分钟即可。

[罗宋汤]

萝卜排骨汤

选送单位： 国网上海市电力公司市南供电公司
食堂名称： 市南公司宜山路基地食堂
菜品原创人：王利

主　料	
萝卜	400克
肉排	300克

🍲 烹饪工艺

1. 先把肉排斩成3厘米长的段，然后用流水冲10分钟左右，冲净血水。
2. 锅内放入冷水再放入肉排，加入料酒焯水烧开后调小火，去净浮沫，把肉排放在冷水中冲洗干净，待完全冲凉后待用。
3. 白萝卜先洗净，切成3厘米长，2厘米宽的麻将块（可带皮煲汤，也可去皮煲汤）。
4. 冷水下锅，放入焯好水的肉排，进行煮制，先大火烧开，后转小火煮约1小时左右。
5. 肉排煮制基本酥后，将萝卜放入汤内煮制，萝卜酥烂后加入盐和少许胡椒粉调味出锅。以上是煮的方法，也可以用炖的方法，将两种主料一起下锅炖，加冷水（汤和原料的比例要适宜）进行炖制，设定好炖制的时间。

[萝卜排骨汤]

香菇面筋

选送单位： 国网上海市电力公司金山供电公司
食堂名称： 金山公司本部食堂
菜品原创人：濮永钢

主料		辅料	
香菇	500克	麻油	10克
油面筋	100克		
鸡毛菜	150克		

烹饪工艺

1. 将新鲜的香菇洗净切片焯水。
2. 将油面筋放入温水中泡软。
3. 将鸡毛菜洗净待用。
4. 锅内放入清水烧开，放入香菇、面筋焯一下水，倒出，然后锅中放入少许油，放入葱、姜煸一下，放入香菇、面筋，加入水、生抽、白糖，烧沸，放入鸡毛菜，勾芡出锅即可。

TIPS

"香菇面筋"是一道美味可口的汉族菜系，属于上海菜。此菜咸味鲜，卤汁肥鲜，软熟适口。面筋味甘性凉，有中和、解热、益气止渴等功效；香菇具有高蛋白、低脂肪、多糖、多种氨基酸和维生素。

【香菇面筋】

五香素鸡

选送单位： 国网上海市电力公司市区供电公司
食堂名称： 市区公司本部食堂
菜品原创人：李国富、王从标

主 料		辅 料	
素鸡	300克	葱	3克

 烹饪工艺

1. 素鸡切大厚片用盐水略浸泡待用。
2. 置锅在旺火上，放入油使其油温烧至七成热，将素鸡放入油锅炸至表面起皱捞起待用。
3. 锅留余油，放入葱段、姜片、八角煸香，加汤汁、调料烧开，倒入素鸡烧至入味，至汤汁稠浓，出锅装盘。

TIPS
色泽酱红，糯软香浓。

[五香素鸡]

四喜烤麸

选送单位： 上海市电力公司培训中心
食堂名称： 培训中心食堂
菜品原创人：陈忠虎

主　料	
烤麸	150克

辅　料	
花生	50克
干黄花菜	6根
干香菇	3朵
黑木耳	5朵

烹饪工艺

1. 把烤麸放在一个盆中，加清水浸泡。直到烤麸整个变软为好。再放在水龙头下，在小水流下边捏边冲洗，和洗海绵一样，大约冲洗2分钟。
2. 切成大约1.5～2厘米见方的小块备用。锅内放水，加入1勺盐。（为了更好的去除腥味）开锅后放入烤麸，煮3～4分钟。
3. 烤麸煮好后，放入冷水中过凉。过凉后再挤净水，备用。
4. 锅内放油烧至八成热，放入烤麸，煎至金黄，备用。
5. 香菇、黑木耳和黄花菜泡发洗净，切成细长条备用。
6. 花生洗净放水中煮，大约煮10～15分钟，熟后取出沥水备用。
7. 锅内放油，烧至五成热，放入处理好的黄花菜、黑木耳和香菇、花生，再放入煎好的烤麸，翻炒。
8. 放入生抽、老抽、耗油、料酒、白糖、盐，翻炒均匀；再放入适量的水，大约是烤麸的一半即可；炖煮5分钟，大火收浓汤汁。

[四喜烤麸]

萝卜烧肉

选送单位： 上海市南电力（集团）有限公司
食堂名称： 市南集团松江分公司食堂
菜品原创人：符辉

主　料		辅　料	
五花肉	2000克	茴香	10克
白萝卜	1000克	葱姜	少许

🍲 烹饪工艺

1. 五花肉洗净切小方块焯水待用，白萝卜洗净切滚刀块焯水待用。
2. 锅烧热放油，放入葱、姜、茴香煸香，倒入肉块煸炒，烹料酒加汤汁、调料，大火烧开，改小火焖烧至熟，倒入白萝卜烧至酥软入味，用大火收汁至浓稠，勾芡，淋油，出锅装盘。

TIPS
色泽酱红，咸中带甜，软烂鲜香。

【萝卜烧肉】

扣三丝

选送单位： 国网上海市电力公司检修公司
食堂名称： 检修公司本部食堂
菜品原创人：徐耀华

主　料		辅　料	
猪肉	300克	香菇	5克
鸡胸脯肉	30克	火腿	30克
春笋	50克		

 烹饪工艺

1. 将猪肉200克洗净，煮熟，片下肥膘，将肥、瘦肉分别切成4.9厘米长的细丝。
2. 将鸡脯肉洗净，煮熟。
3. 将熟火腿肉、鸡脯肉和春笋都切成同样长短的细丝。
4. 将春笋丝过热水氽熟。
5. 将香菇去蒂、洗净，顶朝下放在一只中碗底中间。
6. 熟火腿丝、鸡丝、笋丝分成三排，整齐地排列在碗壁上。
7. 然后将瘦肉丝抖松，放在碗中心，按结实，再放上肥膘丝，加入盐、肉清汤50毫升。
8. 各料摆放好后上笼用旺火蒸15分钟，出笼，翻扣在大汤盘中。
9. 生猪肉100克洗净，切丝。
10. 炒锅置旺火上，放入肉清汤750毫升，下生肉丝搅拌散，烧开。
11. 待肉丝浮上汤面，用漏勺捞出，肉丝另作别用，撇净浮沫，然后，加入盐，淋入熟猪油，浇在三丝上面即成。

[扣三丝]

虎皮黄酱

选送单位： 国网上海市电力公司市区供电公司
食堂名称： 市区公司本部食堂
菜品原创人：李国富、王从标

主　料		辅　料	
豆腐衣	5张	葱姜末	8克
猪肉糜	400克	淀粉	6克
		笋末	少许
		鸡蛋	1只

 烹饪工艺

1. 将猪肉糜放入盛器，加鸡蛋、黄酒、盐、葱姜、糖和少许水拌合，另取淀粉调成水淀粉待用。
2. 豆腐衣摊平，硬边撕下置中央，铺上猪肉糜，包卷成条，然后在包口两端沾上水淀粉封口即成黄酱坯。
3. 锅置旺火上放油烧至五六成热，逐一投入黄酱坯，炸至外脆捞出，原锅留余油，投入葱姜末煸香，加黄酒、酱油、海鲜酱、白糖、清水煮稠。
4. 将炸后的黄酱投入煮稠卤汁的锅中，用文火煮约5分钟后取出装盘，再将收浓的黄酱汁淋上香油，浇在黄酱上即可。

[虎皮黄酱]

酸汤肥牛

选送单位： 上海闸北电厂
食堂名称： 闸北电厂食堂
菜品原创人：吴伟良

主　料		辅　料	
肥牛卷	200克	小葱	20克
金针菇	50克	大蒜	3瓣
黑木耳	少许	姜	2片
腐竹	少许		
银芽	少许		
小青菜	少许		

 烹饪工艺

1. 黑木耳、腐竹浸泡变软后洗净，切成小段；银芽、小青菜洗净；金针菇洗净后拆散去根；姜、蒜切片，小葱切葱花；待用。
2. 锅中加水煮开，把准备好的蔬菜分别氽烫一下，准备好用来盛菜的容器，将金针菇铺在容器底部，然后在上面铺上其他蔬菜，放在一边备用。
3. 另一锅中再次加水煮开，放入肥牛卷氽烫一下，即刻捞出待用。
4. 另起油锅，开大火，烧热后加入姜片、蒜片爆香，然后加入适量清水，放入酸汤料包，煮开后放入备好的肥牛卷，待肥牛卷变色，汤汁再次烧开后关火，最后按照自己喜欢的口味加入调料。
5. 用筷子将肥牛卷夹出平铺在铺好的蔬菜上面，然后将剩余的汤汁倒入容器中，将葱花均匀撒在肥牛卷上即可。

[酸汤肥牛]

冰糖羊肉

选送单位： 国网上海市电力公司市南供电公司
食堂名称： 市南公司莘北路基地食堂
菜品原创人：杨明德

主　料

带皮羊腿肉	500克
红枣	25克
冰糖	200克

🍲 烹饪工艺

1. 将羊肉切块洗净，萝卜切块洗净，放入冷水锅焯水，大火烧开调小火。用勺子去净浮沫，出锅用冷水冲洗干净备用。
2. 炒锅放入冷水，加冰糖、老抽，加入羊肉和红枣（水要浸没原料）。大火烧开，小火焖2小时至九分熟，待羊肉皮松软，口感糯，明火收汁出锅。

TIPS

营养滋补，口味浓郁，适合中老年人食用。

冬

【冰糖羊肉】

本帮红烧狮子头

选送单位： 国网上海市电力公司检修公司
食堂名称： 检修公司本部食堂
菜品原创人：王春华

主　料		辅　料	
猪腿肉	250克	鸡蛋	1只
		马蹄	10只
		油菜心	8棵
		油条	1根

🍲 烹饪工艺

1. 猪腿肉剁碎，放入盐、糖、胡椒粉、黄酒、葱姜末，再放入马蹄末和油条末，放入鸡蛋、生粉拌匀。
2. 把肉馅搓成圆形的丸子。
3. 锅中放油烧至七成热，下丸子炸约 2 分钟，油炸至外表呈金黄色。
4. 捞出沥干油分装盘待用。
5. 将锅中的油盛出后，放入丸子，加约 1000 毫升的汤或水、酱油、姜、葱，烧沸后改小火烧 1 小时以上。
6. 熟透后，把丸子捞出装盘待用。
7. 把菜心放入锅里的汤中煮约 1 分钟至熟。
8. 捞出菜心装丸子盘里，锅中勾薄芡后，淋入盘中即成。

【本帮红烧狮子头】

红烧肉

选送单位： 国网上海市电力公司
食堂名称： 公司本部食堂
菜品原创人：陈汉卿

主　料	
夹心肉	200克

辅　料	
桂皮	10克
八角	10克
葱	20克
姜	20克

 烹饪工艺

1. 夹心肉切成12厘米左右长的块状。
2. 铁锅洗净，烧热，滑油，放入适量油煸葱、姜，使之煸出香味。
3. 将肉块放入锅内煸透（使之表面皱起）。
4. 然后放入桂皮、八角、料酒、酱油煸透，焖烧45分钟后，开大火放入糖一起烧至成熟即可。

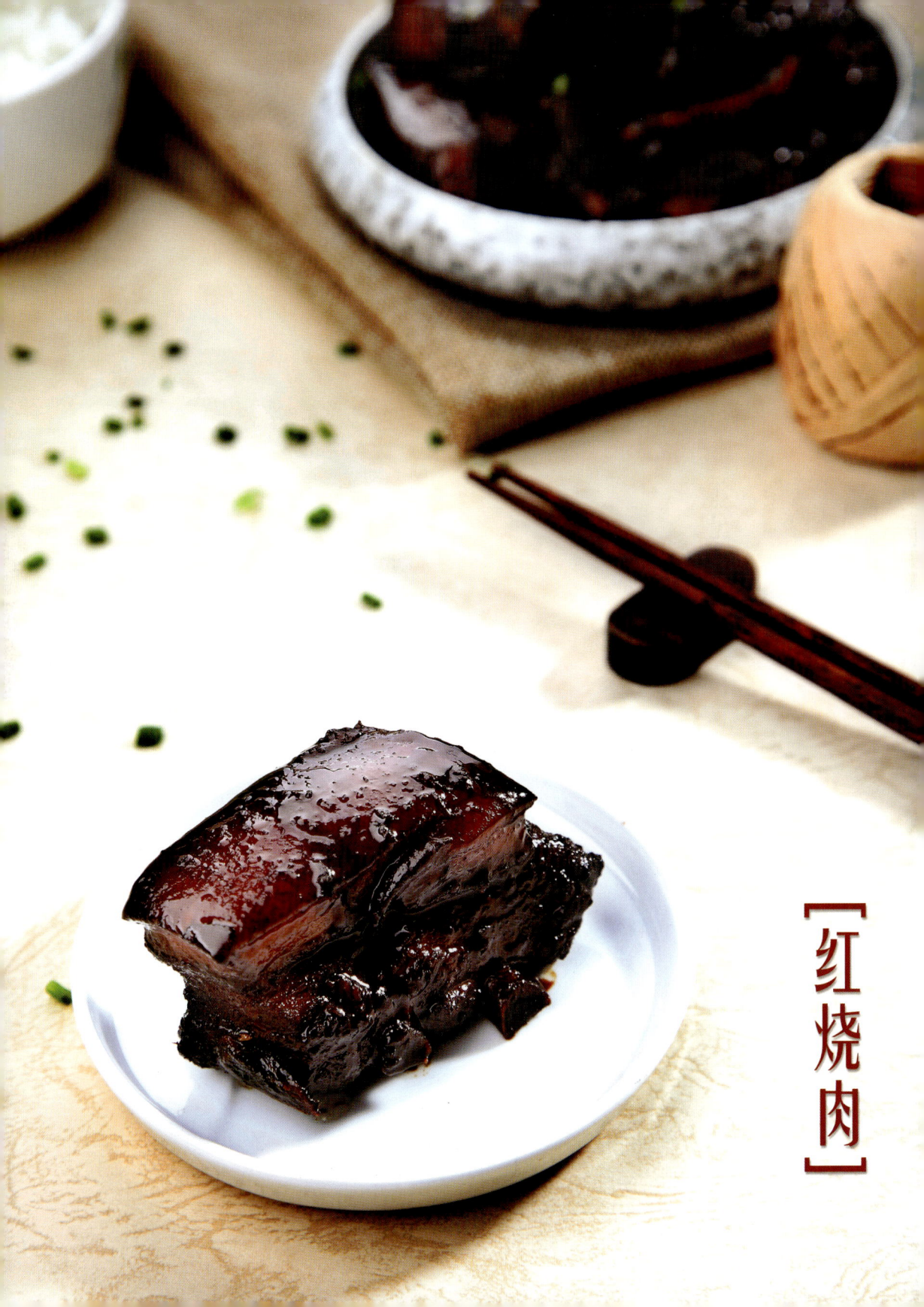

【红烧肉】

走油肉

选送单位： 国网上海市电力公司金山供电公司
食堂名称： 金山公司本部食堂
菜品原创人：陈云荣

主　料	
带皮肋条肉	500克

辅　料	
桂皮	20克
八角	10克
干辣椒	10克
胡椒粉	10克

烹饪工艺

1. 先将肋条肉焯水，煮沸后，用净水冲洗，然后放入蒸箱蒸1小时。
2. 锅中加入油烧至七成热，放入肋条肉，炸至肉皮起小泡捞出，放入冷水中，发至肉皮松软。
3. 锅中放少许油，放入葱、姜、桂皮、八角、干辣椒煸一下，放入水，然后再放入发好的肋条肉，放入老抽、生抽、白糖、料酒、胡椒粉，烧至肉酥，捞出装盘。
4. 锅中放少许汤汁，勾芡淋在走油肉上即可。

TIPS

民俗典故：清康熙七年，四川巴县人简上，到江阴任江苏学政衙署学政。简上，其嗜肉成性，每餐必食肉。一天，他在衙署宴请地方学士。家厨准备了一盆蒜香白切肉待客，手忙脚乱之际，竟将一块白切肉的熟肉块掉进了热油锅。待捞起，已炸至金黄色，肉皮上炸起了一层小泡。无奈之下，只得将金黄色的肉块，如同红烧肉一样烧制。歪打正着做了一道好菜，此菜也因此流传下来。

［走油肉］

红焖猪蹄

选送单位： 上海市南电力（集团）有限公司
食堂名称： 市南集团楠迪分公司食堂
菜品原创人：沈军秀

主　料	
猪蹄	1000克

辅　料	
葱	20克
姜	2片
八角	5克

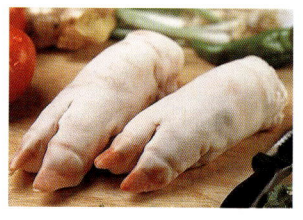

🥬 烹饪工艺

1. 先将猪蹄切成块状，冷水锅焯水备用。
2. 锅烧热放入葱、姜、八角煸香，加入调味料和处理过的猪蹄大火烧开，转小火焖40分钟烧至酥而不烂，完全入味。
3. 大火收浓汤汁，装盘即可。

TIPS

浓油赤酱本帮风味，口味浓郁。猪蹄可以产生大量胶原蛋白，所以在烧煮时无需勾芡。

[红焖猪蹄]

冬藏

冬天，应该养精蓄锐、休养生息，以利来年应对春种、夏长、秋收的付出和收获。只是寒冷的季节总会让人觉得餐桌有点单调，时令蔬菜越来越少。

即使这样也难不倒爱吃的上海人。包心菜、萝卜、胡萝卜、花菜、芋头、土豆……还有我们最喜欢的牛肉、羊肉，炖上一锅温暖了整个冬日。

杏仁玉枣粥

选送单位： 上海久隆电力（集团）有限公司
食堂名称： 久隆集团本部食堂
菜品原创人：夏磊

主　料	
甜杏仁	30克
红枣	45克
芋头	90克
糯米	60克
薏苡仁	15克
白糖	45克
杏仁片	少许

烹饪工艺

1. 先将红枣、糯米、薏苡仁隔天浸泡。
2. 芋头蒸熟，剥去外皮，切成小丁。
3. 将杏仁片放入烤箱，稍微烘烤10分钟，温度控制在180℃左右，略呈金黄色后备用。
4. 无油净锅倒入3000毫升水煮开，将红枣、薏米放入，小火炖煮30分钟后，再将糯米、芋头放入一起炖煮，煮成羹状，最后撒入杏仁片即可。

TIPS
此羹可补气养血、止咳润肺，兼有健脑功能，也可当点心食用。

[杏仁玉枣粥]

车前子薏米粥

选送单位： 上海市南电力（集团）有限公司
食堂名称： 市南集团楠迪分公司食堂
菜品原创人：陆辉

主　料	
车前子	15克
薏苡仁	50克
大　米	100克

 烹饪工艺

1. 薏苡仁提前浸泡，让其涨发。
2. 将薏苡仁和大米洗净备用。
3. 洗净的车前子用纱布包好，放入锅中煮30分钟，捞出留汤备用。
4. 将洗好的薏苡仁和大米放入车前子汤中，大火烧开，小火焖煮至软糯即可。
5. 最后可按个人口味添加白糖。

TIPS

车前子是一味药材。其实，车前子也可以作为一种食材，薏苡仁具有去湿功效。这款车前子薏米粥，具有清热解毒、去风利湿的功效。简单好做，经济实惠。特别适合食补的朋友。

【车前子薏米粥】

南瓜糕

选送单位： 国网上海市电力公司市南供电公司
食堂名称： 市南公司宜山路基地食堂
菜品原创人：方贤武

主　料		辅　料	
南瓜	500 克	枸杞	适量
糯米粉	500 克		
红豆沙	250 克		

烹饪工艺

1. 南瓜去皮去籽，切成寸丁状，放蒸盘中蒸 20 分钟取出。
2. 将糖、色拉油加入刚刚取出的南瓜中，拌成南瓜泥状，等糖融化即可。
3. 把糯米粉加入南瓜泥，拌成面团光滑有柔性，再搓成长条状，切成 30 克左右的小坯备用。
4. 将红豆沙分成 15 克一份，搓成圆球状待用。
5. 将步骤（3）备用坯子压平，再将红豆沙球状形包子搓圆，用刀背在圆球上压成 8 条均匀痕迹。
6. 平盘内抹少许油，将做好的南瓜球放于盘中入蒸笼。以中火蒸约 8～12 分钟即可，出笼时刷油增光。

［南瓜糕］

核桃蛋糕

选送单位： 国网上海市电力公司检修公司
食堂名称： 检修公司本部食堂
菜品原创人：曾践

主　料		辅　料	
黄油	100克	奶粉	20克
糖粉	100克	核桃仁	50克
鸡蛋	3只		
低筋面粉	100克		

烹饪工艺

1. 核桃仁放入烤箱，上火160℃，下火140℃，30分钟烤熟，冷却，用手按压碎。
2. 黄油加糖粉加奶粉，拌匀，用手擦至光洁。
3. 加入鸡蛋，拌匀，加入低筋粉拌匀。
4. 拌入核桃仁，拌匀，放入纸托。
5. 放入烤箱，上火220℃，下火200℃，烘烤20分钟。

TIPS
这是一道由西式蛋糕加中国人喜欢食用的核桃仁，做成适合中国人口味的蛋糕。

【核桃蛋糕】

海鲜酥桶

选送单位： 国网上海市电力公司
食堂名称： 公司本部食堂
菜品原创人：张伟

主　料		辅　料	
面粉	375克	海鲜色拉酱	50克
鸡蛋	1只	虾籽酱	10克
黄油	15克	小饼干	30克
酥皮油	257克		
三文鱼	100克		
虾仁	50克		
海参	30克		
蟹肉	30克		

烹饪工艺

1. 将面粉、鸡蛋、黄油，加水合成水油面团，包入酥皮油，开成七层排酥，放入冰箱。
2. 将蟹肉、虾仁、海参切丁焯水，放置变冷。将三文鱼切丁拌入色拉酱，一起放入冰箱。
3. 将排酥擀薄，卷在不锈钢管上，用苔菜做丝带，两头扎成桶状。
4. 将酥桶放入七成热油锅内，成熟后捞出。拿掉不锈钢管，冷却后加入拌好的海鲜色拉酱，桶下面托上小饼干，上面加入虾籽酱，点缀香菜即可。

[海鲜酥桶]

玉米排骨汤

选送单位： 上海久隆电力（集团）有限公司
食堂名称： 久隆集团本部食堂
菜品原创人：许斌

主　料		辅　料	
小排	300克	玉米	300克
		葱姜	少许

烹饪工艺

1. 小排洗净斩成骨牌块焯水，备用。
2. 玉米切成3厘米长的段，洗净，待用。
3. 置锅在旺火上加水，下小排、玉米、葱姜，待烧沸后去污沫后，小火炖50分钟。
4. 调味、装盘。

TIPS

玉米有开胃益智、宁心活血、调理中气的功效，还有助于降低血脂，对高血脂、动脉硬化、心脏病患者有较好的食疗效果。

【玉米排骨汤】

番茄土豆蛋汤

选送单位： 上海送变电公司
食堂名称： 上海送变电公司本部食堂
菜品原创人：唐国富

主 料	
番茄	150克
土豆	50克
鸡蛋	2只

 **烹饪工艺**

1. 番茄切成小块放在锅内炒。
2. 土豆片放在水中煮到八成熟。
3. 番茄炒至起沙，倒入土豆汤一起烧。
4. 鸡蛋打匀。
5. 汤烧开后加入打匀的鸡蛋加盐搅拌。
6. 出锅后即可食用。

TIPS

清淡可口，是下饭的一道美味的汤品，既有营养价值，又有养身价值，长期食用，对人体健康有极大帮助。

【番茄土豆蛋汤】

荷兰豆金针菇

选送单位： 国网上海市电力公司市南供电公司
食堂名称： 市南公司华北路基地食堂
菜品原创人：杨明德

主　料	
荷兰豆	200克
金针菇	400克
手指红椒	20克

辅　料		
胡椒	适量	适量
胡萝卜	20克	20克
白芝麻	5克	5克

烹饪工艺

1. 金针菇切段，荷兰豆、手指红椒切丝。
2. 炒锅放冷水烧开。
3. 将所有原料放入烧开的水中，加入调味料，煮熟（荷兰豆一定要烧透，因为里面含皂角素，有毒）后起锅。
4. 加入麻油，拌匀即可。

TIPS

清淡爽口，含丰富的铁、锌。属于海派口味，新概念菜。

[荷兰豆金针菇]

荠菜山药

选送单位： 国网上海市电力公司奉贤供电公司
食堂名称： 奉贤公司本部食堂
菜品原创人：金祖华

主　料	
荠菜	50克
山药	400克

辅　料	
葱	少许

🍲 烹饪工艺

1. 将山药去皮洗净后，切菱形片，放入热水中焯水。
2. 荠菜摘掉黄叶洗净，用沸水烫后，过冷水挤干水分切碎备用。
3. 将炒锅内倒入食用油，油热后放入小葱，炒出葱香味后倒入荠菜进行翻炒。
4. 翻炒片刻后，放入山药一起炒。
5. 炒匀后放入盐等调料，并添加一点点水，翻炒几下后淋一些麻油出锅即可。

TIPS

山药一定要先焯水，否则难炒熟，山药在热水中焯一下和荠菜一起快炒，炒出山药的脆香，否则山药外熟内生。

山药，原名薯蓣，唐代宗名李豫，因避讳改为薯药。北宋时，因避宋英宗赵曙，更名山药。河南怀庆府（今博爱，温县）所产最佳，谓之"怀山药"，"怀山药"曾在1914年"巴拿马万国博览会"上展出，遂蜚声中外，历年来向英美等十多个国家和地区出口。是《本草纲目》收载的草药，具有补中益气、强筋健脾，有助于防治糖尿病的作用。

【荠菜山药】

葱油金瓜丝

选送单位： 国网上海市电力公司崇明供电公司
食堂名称： 崇明公司本部食堂
菜品原创人：顾永才

主 料		辅 料	
金瓜	500克	葱花	10克
		味好美	5克
		干辣椒	5克

 烹饪工艺

1. 先把洗干净的金瓜横切成 5 厘米长的圆段，挖去里面的籽，再把去籽的金瓜放入沸水锅中煮，煮熟的金瓜可以自然成丝。
2. 用调羹沿着金瓜皮把金瓜肉一层层刮下来，放入事先准备好的冰水中，把浸凉的金瓜丝捞出挤干水分放入碗内。
3. 将锅烧热后放入少许精制油，放入斩好的葱花爆香，加入适量盐，做成葱油。
4. 将熬好的葱油淋到金瓜丝上，拌匀即可装盘。

TIPS

金瓜含有多种维生素和人体必需的微量元素，可帮助人体调节新陈代谢。性寒，能清降胃火，使人食量减少，促使体内淀粉、糖转化为热能，而不变成脂肪，是肥胖者减肥的理想蔬菜。同时，金瓜具有抗衰老的功效，久食可保持皮肤洁白如玉，润泽光滑，并可保持形体健美。是崇明地道的特色菜之一。

【葱油金瓜丝】

蒜泥茼蒿

选送单位： 国网上海市电力公司嘉定供电公司
食堂名称： 嘉定公司本部食堂
菜品原创人：朱晓波

主　料		辅　料	
茼蒿	250g	蒜	3瓣

烹饪工艺

1. 茼蒿洗净并切段备用。
2. 蒜剁成泥备用。
3. 锅烧热后加入油爆香蒜泥。
4. 加入茼蒿翻炒，随后加入调味料继续翻炒，随后出锅。

TIPS

杜甫一生颠沛流离，疾病相袭。他在四川夔州时，肺病严重，眼花耳聋，生活无着。于是，在56岁时抱病离开夔州，到湖北公安，当地百姓做了一道菜给心力交瘁的杜甫食用。食材就是使用茼蒿、菠菜、腊肉、糯米粉等制成，杜甫食后赞不绝口。为纪念这位伟大诗人，后人便称

[蒜泥茼蒿]

海鲜山水蛋

选送单位： 上海东捷建设（集团）有限公司
食堂名称： 东捷集团佳友市政食堂
菜品原创人：顾宝林

主　料

鸡蛋	3只
虾仁	10尾
水发海参	1只
笋丁	少量
胡萝卜	少量
黄瓜	少量

烹饪工艺

1. 将鸡蛋 3 只打入碗中，打散兑入温水 800 毫升，加盐 12 克，黄酒少许，调均入蒸箱蒸 10 分钟取出。
2. 将辅料入锅焯水备用。
3. 锅中放入高汤 100 毫升倒入辅料后调味，勾玻璃芡出锅，浇在蒸好的鸡蛋羹上。

TIPS

虾与蛋的结合并附上黄瓜等食材的点缀，看似风景如画、有山有水，口感细腻，故取名"海鲜山水蛋"。

【海鲜山水蛋】

毛蟹年糕

选送单位： 国网上海市电力公司嘉定供电公司
食堂名称： 嘉定公司本部食堂
菜品原创人：朱晓波

主　料		辅　料	
毛蟹	5只	姜	适量
手指年糕	200克	葱	适量

🍲 烹饪工艺

1. 将毛蟹洗净，从背部切成两半，去除蟹胃、肠、腮等不可食部分。
2. 热锅入油，待油温上升后逐一将毛蟹切开的一端沾上干面粉，放入油锅中煎至金黄色。
3. 炒锅加入少许油放入葱段、姜片煸炒，后放入毛蟹烹入黄酒除腥。
4. 放入水、白糖和老抽。
5. 加水盖过毛蟹，大火烧开，改中火约5分钟。
6. 倒入年糕小火微煮；
7. 至年糕软糯，汤汁浓郁即可出锅。

TIPS

浓油赤酱的毛蟹年糕，是上海人夏季餐桌上的经典家常菜。

[毛蟹年糕]

香酥鸭

选送单位： 国网上海市电力公司青浦供电公司
食堂名称： 青浦公司本部食堂
菜品原创人：曹坚

主　料		辅　料	
鸭肉	1000克	京葱	少许
		香葱	少许
		香叶	少许

🍳 烹饪工艺

1. 先将鸭子宰杀后洗净，沥去血水备用。
2. 起锅炒香粗盐和花椒，凉后备用。
3. 把花椒和盐均匀地抹擦在鸭子的内外部后，再把京葱和香葱、香叶小料放在鸭子肚内一起腌制。
5. 腌制好后，放入冰箱冷藏4～5小时，取出后洗净焯水，放入蒸箱约1小时后取出。
6. 起锅热油至油温160℃～180℃后放入鸭子，炸至金黄色后出锅，改刀装盆。

【香酥鸭】

板栗鹅块

选送单位： 上海市南电力（集团）有限公司
食堂名称： 市南集团青浦分公司食堂
菜品原创人：王顺辉

主　料		辅　料	
老鹅肉	300克	姜	3片
板栗	100克	香葱	20克
		八角	少许

秋

🍵 烹饪工艺

1. 活杀老鹅，去除内脏并洗净，改刀成块，进行焯水去除血腥味，漂洗干净备用；板栗剥壳后，在开水中稍烫几分钟沥干备用。葱、八角、生姜分别洗净切好备用。
2. 鹅块放入油锅炸至表面变成金黄色捞起待用。
3. 锅烧热少油，放入葱、八角、生姜煸香，放入鹅块和水，再放入老抽、生抽、冰糖大火烧开，小火慢炖至八分熟加入板栗。旺火收汁烧稠即可，出锅，色泽红亮，咸甜适中。

TIPS

上海本帮菜一直以"浓油赤酱"为代表，加入板栗之后大部分搭配的菜品都凸显出这一特点，而板栗本身松香软糯的口感让人流连忘返。《吕氏春秋》记载"果有三美者，有冀山之栗。"以此证明，从古至今，板栗一直作为美食而被人们所称赞。

[板栗鹅块]

陈皮牛肉

选送单位： 国网上海市电力公司市北供电公司
食堂名称： 市北公司本部食堂
菜品原创人：严文忠

主　料		辅　料	
牛腩	500克	陈皮	3块
		葱姜蒜	适量
		干辣椒	适量
		花椒	少许

 烹饪工艺

1. 牛肉洗净，去掉筋络，切成小方丁，然后将牛肉丁焯水洗净。
2. 将锅置旺火上放入油烧至八成热，投入牛肉丁，炸熟至无水分捞出待用。
3. 陈皮用水泡软切末，干辣椒去籽切末，生姜去皮切末，葱洗净切碎，蒜头去皮剁泥，待用。
4. 锅内放少量油烧热，投入干辣椒，炒出辣味，再下葱花、姜末、蒜泥、豆瓣酱、花椒炒匀，倒入牛肉丁加适量清水淹没肉丁，再放入酱油、盐、白糖，搅匀，投入陈皮、酒酿，大火烧开，然后转小火煨约1～2小时，直至牛肉丁酥透为止，用大火烧至卤汁稠浓，浇淋香油、红油，拌匀即可出锅。

【陈皮牛肉】

枣梅仔排

选送单位： 上海东捷建设（集团）有限公司
食堂名称： 东捷集团奉贤分公司食堂
菜品原创人：李国平

主　料	
小排骨	450克
枣泥	50克

辅　料	
梅子酱盐	30克
冰糖	10克
绍兴黄酒	少许
精盐	适量
生粉	适量
嫩肉粉	适量

烹饪工艺

1. 小排骨斩成小块，用清水浸泡1小时。
2. 用洁布吸干小排骨水分，加精盐、绍兴花雕、冰糖、嫩肉粉上浆，再拍上生粉，放入六成热的油锅炸熟捞出。
3. 锅底油加枣泥、梅子酱、冰糖、精盐和少量清水，熬透后倒入排骨翻匀即可。

TIPS
红枣上笼蒸透，去皮，去核，再捏成枣泥。

【枣梅仔排】

一品糯香仔排

选送单位： 国网上海市电力公司金山供电公司
食堂名称： 金山公司本部食堂
菜品原创人：胡永国

主　料	
肋排	500克
辅　料	
糯米	250克
葱	10克
排骨酱	100克
胡椒粉	30克
盐	10克

🍲 烹饪工艺

1. 淘洗糯米，在清水中浸泡2小时左右，使糯米充分涨透，再将糯米沥干备用。
2. 肋排斩成6厘米左右长左右的小段，加入盐、绍兴花雕、胡椒粉、排骨酱、南乳汁、鸡蛋上浆，入味放入冰箱。
3. 将浆好的排骨放入沥干的糯米里滚一圈，依次排好，上蒸笼用大火蒸。
4. 1小时后将蒸好的糯米仔排淋上葱油即可。

TIPS

卤水糯米饭，拌上点酱油、姜葱、八角等调料，或许就是糯香仔排的前身了。"看上去黏黏腻腻的糯香仔排，也象征着一家人的亲亲密密"。

【一品糯香仔排】

秋收

秋日至,稻穗垂,满目金黄,这是一年的收成时候了。
自然秋天的餐桌更加丰盛,
玉米、山药、豆角、红薯、板栗、茭白、南瓜。。。。。
都是养生的好食材,营养丰富且有助于消化,
在凉爽的秋风里,通过天然的饮食方式将机体的状态调整到最佳。

椰子冻

选送单位： 国网上海市电力公司客户服务中心
食堂名称： 客户服务中心食堂
菜品原创人：张培

主　料	
椰浆	250克

辅　料	
牛奶	50克
水	100克
砂糖	250克
明胶片	50克

烹饪工艺

1. 选净锅置旺火上放入水、椰浆、砂糖、明胶片、淡奶油煮沸改小火边煮边搅拌至主、辅料全部熔化。
2. 待原料自然冷却后，倒入模具。
3. 模具外用食用保鲜膜封闭后置入熟食冰箱。
4. 通过冰箱内的冷却使原料结冻成型。
5. 倒出成型原料在洁净的盘子里即可。

［椰子冻］

杂果西米露

选送单位： 上海市南电力（集团）有限公司
食堂名称： 市南集团工程公司食堂
菜品原创人：陶宝良

主　料		辅　料	
西米	50克	猕猴桃	50克
黄桃	50克	椰果	50克

🍲 烹饪工艺

1. 将水煮开，放入西米煮沸调小火，大约 8 分钟，期间不停搅拌，防止西米粘锅，煮至西米呈透明状，略带一点白色的米芯。
2. 过水之后，将西米再煮 8 分钟，然后焖 2 分钟到透明为止，关火。
3. 将水果切成丁备用。用流水将西米的米糊浆冲净，滤水待用。让西米焖 5 分钟左右，直至它完全呈透明为止。
4. 将椰浆倒入锅中，和西米一起煮沸，冷却，加入切好的水果丁即可。

TIPS

在煮西米的过程，水量要足。

【杂果西米露】

皮蛋瘦肉粥

选送单位： 国网上海市电力公司青浦供电公司
食堂名称： 青浦公司本部食堂
菜品原创人：朱红

主　料	
皮蛋	2只
肉糜	100克
青菜	100克
大米	150克

辅　料	
葱花	少许

🍲 烹饪工艺

1. 先将皮蛋加热，冷却后去壳切成小丁备用。
2. 将青菜洗净后切成末备用。
3. 起锅热油，放入准备好的肉糜煸炒备用。
4. 将大米洗净后，上锅煮熟成粥（稀一点为佳），随后将皮蛋丁、青菜末、肉糜放入，大火烧1～2分钟后放入盐、胡椒粉调味，出锅前撒上葱花即可。

【皮蛋瘦肉粥】

果脯绿豆汤

选送单位： 国网上海市电力公司松江供电公司
食堂名称： 松江公司本部食堂
菜品原创人：张俊

主　料		辅　料	
绿豆	200克	蜜枣	15克
上等糯米	200克	糖金橘	15克
		冬瓜糖	15克
		葡萄干	15克
		红绿丝	15克

夏

烹饪工艺

1. 糯米淘洗干净,绿豆洗净,清除杂质,将绿豆在清水里浸泡30分钟左右。
2. 将浸泡绿豆的水倒掉,把绿豆倒入蒸盘内,加入清水用大火蒸,蒸制时间控制在20分钟左右,为的是汤色碧绿清澈,不要蒸太久。
3. 夏天,高温炎热,人们喝水较多,利用绿豆汤来解暑,主要是喝汤,而不是来吃绿豆。同样方法,将糯米加适量水蒸熟备用。
4. 准备蜜枣、冬瓜糖、葡萄干、糖金橘、红绿丝,将这些蜜饯用刀切碎,大小适中。
5. 将蒸煮的绿豆水倒出,放入冰箱待用,或直接加冰也可以,顺序是这样的:一勺糯米,一勺绿豆,一勺蜜饯,再加上少许绵白糖,必须是绵白糖,因为绵白糖融化速度快。在炎炎酷暑中,能喝上这么一杯冰镇绿豆汤真是一件十分惬意的事。

[果脯绿豆汤]

冰糖枸杞银耳羹

选送单位： 国网上海市电力公司市北供电公司
食堂名称： 市北公司本部食堂
菜品原创人：代丽

主　料

枸杞子	10克
银耳	100克

烹饪工艺

1. 银耳经清水泡发至软，使其干料充分吸足水分，洗净剪去蒂，撕成小朵待用，枸杞子洗净待用。
2. 锅中放清水，倒入银耳大火烧开，文火煮至浓稠，加入冰糖。
3. 出锅后撒入枸杞子。

TIPS

明目养颜、清爽糯滑。

【冰糖枸杞银耳羹】

葱油拌面

选送单位： 上海电力医院
食堂名称： 电力医院食堂
菜品原创人：顾月华

主　料
面条　　　　450克

 烹饪工艺

1. 将香葱切成3厘米左右的葱段。
2. 油倒入锅内烧热五成热，葱段放入油锅小火慢熬，熬出葱的香味。
3. 待葱段变成褐色有明显葱香时捞起。
4. 锅中水煮沸后放入面条煮熟。
5. 煮熟的面条捞出沥干水分放入碗内，将适量的葱油浇在面条上加入鲜酱油即可食用。

TIPS

面条爽滑，葱香四溢，含有丰富的碳水化合物、钙、铁、钾、镁等矿物质和B族维生素，老少皆宜，适合四季食用。

[葱油拌面]

飘香雪影

选送单位： 国网上海市电力公司
食堂名称： 公司本部食堂
菜品原创人：张伟

主　料	
糯米粉	100克
大米粉	15克
鹰粟粉	18克

辅　料	
鲜奶油	100克
芒果丁	60克
椰浆	50克
芒果汁	50克

🍲 烹饪工艺

1. 将糯米粉、大米粉、鹰粟粉、白糖、椰浆、芒果汁放在一起合成面浆。
2. 将面浆倒入刷过油的托盘中，上笼蒸6分钟。
3. 将蒸熟的面胚倒在铺有生粉的案板上，用擀面棍擀开、擀薄刻出圆皮。包入鲜奶油、放入芒果丁，收口朝下放在案板上，撒上一层薄薄的糖粉即可。

［飘香雪影］

苦瓜鸭汤

选送单位： 国网上海市电力公司嘉定供电公司
食堂名称： 嘉定公司本部食堂
菜品原创人：朱晓波

主 料

光鸭	1只
苦瓜	1根

辅 料

姜	2片

🍲 烹饪工艺

1. 鸭肉洗净切块,放入冷水锅烧沸焯水,捞出后再洗净。
2. 将苦瓜片、姜片和鸭块一起放入汤锅内加水,以中小火煮至鸭块酥烂。
3. 最后加入调料,煮沸即可。

[苦瓜鸭汤] 夏

瓜茸汤

选送单位： 国网上海市电力公司
食堂名称： 公司本部食堂
菜品原创人：孙建明

主　料	
冬瓜	300克

辅　料	
鸡蛋	1只
胡萝卜	少许

🍲 烹饪工艺

1. 冬瓜去皮去籽，洗净后切块上笼蒸半小时至酥，冷却后碾碎成茸，胡萝卜切成末。
2. 锅内放清汤，烧沸后将冬瓜茸放入汤内，加盐烧沸后勾芡，漂蛋液，再次烧沸后淋上麻油即可。

[瓜茸汤]

野茭白头咸菜青豆

选送单位： 国网上海市电力公司长兴供电公司
食堂名称： 长兴公司本部食堂
菜品原创人：郁红昌

主　料		辅　料	
野茭白头	400克	咸菜	50克
		青豆	50克

🥣 烹饪工艺

1. 将野茭白头去根，在中间一切为二，五厘米长，洗净备用。
2. 将青豆放入锅内煮熟备用。
3. 咸菜切碎，但不要太细，炒熟备用。
4. 锅内入油，将野茭白头入锅炒至半熟，把青豆、咸菜一起入锅炒，加盐、清汤，炒到野茭白头入味即可。

TIPS
野茭白头不能炒过时，炒过了时会缺少弹性。

【野茭白头咸菜青豆】

丝瓜毛豆

选送单位： 上海市南电力（集团）有限公司
食堂名称： 市南集团闵行分公司食堂
菜品原创人：赵振林

主　料	
丝瓜	150克
毛豆仁	150克

 ### 烹饪工艺

1. 丝瓜去皮切成滚料块，毛豆仁洗净。
2. 炒锅放在火上，下油烧至五成热，下丝瓜、毛豆仁滑油捞出。
3. 烹调料勾芡收汁，丝瓜毛豆放进锅里翻炒，炒熟即可。

【丝瓜毛豆】

糖醋藕片

选送单位： 上海市南电力（集团）有限公司
食堂名称： 市南集团本部食堂
菜品原创人：施铭华

主　料		辅　料	
莲藕	500克	红椒	1只

夏

🍲 烹饪工艺

1. 藕去皮切薄片，红椒切菱形块，洗净待用。
2. 保鲜盒中放入3匙糖，少许盐，再加入3大勺白醋。
3. 莲藕开水焯一下，把莲藕浸泡到装有调味料的保鲜盒就好。

【糖醋藕片】

酱瓜白扁豆

选送单位： 国网上海市电力公司长兴供电公司
食堂名称： 长兴公司本部食堂
菜品原创人：郁红昌

主　料		辅　料	
白扁豆籽	300克	干辣椒粒	少许
自腌酱黄瓜	100克		

烹饪工艺

1. 将白扁豆籽放入锅内煮熟捞出备用。
2. 自制酱黄瓜切粒备用。
3. 锅上火入油，先将酱黄瓜炒一下，再放入煮熟的白扁豆籽一起炒，加入清汤、盐、干辣椒、糖炒入味即可。

TIPS
酱黄瓜要保持脆性，白扁豆籽要有糯性。

[酱瓜白扁豆]

罗汉上素

选送单位： 上海市南电力（集团）有限公司
食堂名称： 市南集团青浦分公司食堂
菜品原创人：王顺辉

主 料	
西芹	200克

辅 料	
百合	50克
素虾仁	50克
腰果	50克
青红椒	30克

🍲 烹饪工艺

1. 先将素虾仁洗净备用，然再将百合、西芹、青红椒洗净切片待用。
2. 油锅烧热，放入腰果至酥，捞起备用。
3. 锅内放水，加入少许油烧开，将西芹、百合、素虾仁、青红椒焯水起锅。
4. 放入少许水，加调料勾薄芡，将所有用料入锅，快速翻炒均匀即可出锅。

[罗汉上素]

手撕茄子

选送单位： 上海东捷建设（集团）有限公司
食堂名称： 东捷集团浦东分公司食堂
菜品原创人：徐春林

主　料	
茄子	3根

辅　料	
蒜瓣	5粒
葱	10克
姜	7片

🍲 烹饪工艺

1. 茄子洗净，去两头，切成均匀的长段。
2. 放入蒸锅中大火蒸10分钟。
3. 趁热出锅过凉水。
4. 待茄子稍微冷却后用手撕成长条，摆在盘中。
5. 将葱切成葱花，姜切成末，大蒜捣成蒜泥，一同摆放在茄子上面。
6. 依个人口味将生抽、醋、盐、糖调成汁，浇在茄子上。
7. 汤勺中加热山茶油或麻油，待油温八成热时浇在茄子上，趁热拌匀即可食用。

[手撕茄子]

萝卜干炒毛豆

选送单位： 上海东捷建设（集团）有限公司
食堂名称： 东捷集团浦东分公司食堂
菜品原创人：奚卫东

主　料	
毛豆仁	500克
萝卜干	200克

🍲 烹饪工艺

1. 毛豆洗净去豆荚。
2. 选用萧山萝卜干，洗净后切小方丁备用。
3. 往炒锅倒油15克，油热下萝卜干丁。
4. 倒入萝卜干丁后煸炒1分钟（不能加水），将萝卜干煸出香味，盛入盘内，待用。
5. 另起锅，倒入油35克加热，油热放入毛豆仁煸炒，至毛豆仁熟为止。
6. 再加酱油、白糖、精盐继续炒至毛豆仁上色。
7. 成熟时，放萝卜干、红尖椒粒煸炒入味装盘即成。

[萝卜干炒毛豆]

蚌肉炒韭菜

选送单位： 国网上海市电力公司青浦供电公司
食堂名称： 青浦公司本部食堂
菜品原创人：曹坚

主 料

河蚌肉　　　　200克
韭菜　　　　　200克

辅 料

干辣椒　　　　少许
姜　　　　　　少许
葱　　　　　　少许

夏

🍲 烹饪工艺

1. 洗杀河蚌，用刀剖开蚌壳，取出河蚌肉（切除边缘黑色部分）。
2. 把河蚌肉用刀面拍击几下后改刀成条状，放入料酒、姜葱、盐腌制去腥后，过半小时清水洗净，用厨房用纸吸去水分。
3. 再将蚌肉倒入腌料上浆（料酒、盐）放入生粉。
4. 锅中大火加热，放入菜油，待油温至七八成时，放入蚌肉，滑油后立即出锅备用。
5. 把清洗干净的韭菜和少许干辣椒段，放入热油锅中煸炒均匀后，放入蚌肉调味，翻炒至熟即可出锅。

[蚌肉炒韭菜]

莼菜烩河虾仁

选送单位： 国网上海市电力公司青浦供电公司
食堂名称： 青浦公司本部食堂
菜品原创人：曹坚

主　料	
莼菜	150克
河虾仁	150克

烹饪工艺

1. 先将河虾去壳取出虾肉，用蛋清、生粉、盐上浆备用。
2. 莼菜洗净，焯水备用。
3. 起锅加入高汤煮沸后，放入莼菜，撒上上好浆的河虾仁，放入少量盐、胡椒粉，最后打上薄芡，即可出锅。

TIPS
一定要在放过胡椒粉之后再勾芡，不然会拌不匀。

夏

[莼菜烩河虾仁]

腌菜毛豆烧带鱼

选送单位： 上海市南电力（集团）有限公司
食堂名称： 市南集团本部食堂
菜品原创人：程晓军

主　料		辅　料	
东海带鱼	500克	葱	10克
新鲜毛豆仁	100克	姜	10克
小青菜	250克	鲜红椒	少许

🍲 烹饪工艺

1. 带鱼洗净切成8厘米长的段，把切好的带鱼拍上淀粉，入六成热的油温炸至金黄色，成形捞出备用。
2. 小青菜洗净放盐腌渍2小时，切小段挤干备用；毛豆仁焯水，备用。
3. 腌菜和毛豆仁下锅先煸好，待用。
4. 热锅放油下葱、姜煸香，下带鱼，放入料酒、调料，放高汤大火烧开，下煸好的毛豆、腌菜，收浓汁，出锅即可。

【腌菜毛豆烧带鱼】

秋葵炒肉片

选送单位： 上海久隆电力（集团）有限公司
食堂名称： 久隆集团本部食堂
菜品原创人：许斌

主　料		辅　料	
秋葵	300克	五花肉片	200克
		葱姜	少许

🍲 烹饪工艺

1. 秋葵洗净，斜刀切段，焯水冲凉，备用。
2. 猪肉洗净切片，加盐、料酒、蛋清、生粉顺时搅拌上浆，上浆后静止半小时以上，待用。
3. 油温升至三四成熟，倒入肉片滑油至断生，捞出沥油待用。
4. 锅置旺火上烧热加少许油，下葱、姜、肉片、料酒煸香，加适量汤水煮沸。
5. 加入秋葵、肉片、调味料，急速翻炒淋油，出锅装盘即可。

〔秋葵炒肉片〕

海参熘蛋

选送单位： 国网上海市电力公司市南供电公司
食堂名称： 市南公司宜山路基地食堂
菜品原创人：李建国

主　料		辅　料	
鸡蛋	300克	鱼片	50克
海参	300克	红椒	100克
		虾仁	100克
		青豆	20克
		葱姜	少许

烹饪工艺

1. 先将海参地内脏和沙嘴去净，洗净后，流水冲洗一段时间，放在冷水锅内加入黄酒、胡椒粉，水煮沸后去净浮沫，略煮出锅。用冷水冲洗后，横切成圈状、厚度约0.5厘米小方丁待用。
2. 红椒清洗后同样也切成1厘米左右小方丁待用，把虾仁洗净，沥干水分，用生粉上浆待用。
3. 青豆用热水锅焯水，断生，快速浸入冷水中，冲凉待用。
4. 清洗鸡蛋，将洗好的鸡蛋磕入盛器中，进行预制。
5. 加入温水调味后搅匀入蒸箱蒸制25分钟左右。

TIPS

海参、虾仁、黄瓜比例为3:2:1。

[海参熘蛋]

本帮油爆虾

选送单位： 国网上海市电力公司检修公司
食堂名称： 检修公司本部食堂
菜品原创人：甘志远

主 料

活籽虾 200克～400克

辅 料

葱末　　　　少许
姜末　　　　少许

🥗 烹饪工艺

1. 准备好食材和调味料。
2. 切好姜片、葱白、葱绿。
3. 用牙签从虾身的倒数第一节与倒数第二节中间穿过，向上挑断虾线，再捏住断开的线头，抽出虾线
4. 剪掉虾须、虾脚，清洗干净后，沥干水分。
5. 锅中放适量油，油量以差不多盖过虾身为宜，把沥干水分的虾放入油中炸。
6. 炸到虾壳跟肉有点分离，虾壳很酥脆即可，将虾捞出沥干油。
7. 锅中留适量虾油把姜片和葱白放入爆香。
8. 把炸好的虾放入锅中翻炒。
9. 加入盐、白糖、料酒、生抽、大火收汁。
10. 出锅装盆。

[本帮油爆虾]

响油鳝丝

选送单位： 上海东捷建设（集团）有限公司
食堂名称： 东捷集团张江基地食堂
菜品原创人：李正国

主 料		辅 料	
黄鳝	400克	葱花	20克
		大蒜	3瓣
		生姜	2片
		白胡椒粉	适量

烹饪工艺

1. 黄鳝开水烫过后去除内脏，洗净切细丝，用料酒和生粉腌制半小时；葱、大蒜、生姜分别洗净，切末，备用。
2. 炒锅烧热放油，放入蒜末、姜末煸炒出香味后放入鳝丝翻炒，加入事先准备好的料酒、老抽、生抽、白糖，迅速煸炒，再用水淀粉勾芡后盛出装盘，撒上葱末。
3. 将炒锅洗干净后再放油，等油烧热后浇在鳝丝上，注意油一定要烧到冒烟，这样才是"响油"。最后淋上麻油，撒上白胡椒粉即可。吃的时候拌一下更佳！

［响油鳝丝］

黄鳝咸肋

选送单位: 国网上海市电力公司青浦供电公司
食堂名称: 青浦公司本部食堂
菜品原创人: 曹坚

主　料		辅　料	
黄鳝	200克	大蒜	少许
猪咸肋	200克	姜	少许
		葱	少许

🍲 烹饪工艺

1. 黄鳝宰杀后,去除内脏洗净,用80℃的水冲泡一下,将黄鳝表皮上面的黏液去除,随后切成3～4厘米长的小段备用。
2. 猪咸肋条切成3厘米×3厘米的小块,锅中放入水、姜片、料酒后,下猪咸肋块焯水,沸腾后去除浮沫,再倒入冷水中洗净备用。
3. 炒锅放水加热,放入猪咸肋块、姜片、蒜头、葱段烧开(水面高于猪咸肋块表面两倍)加盖烧至六成熟后,放入备好的黄鳝段,再煮15～20分钟。
4. 起锅前,加入调味料(因猪咸肋本身带有咸味,可根据自身口味选择放与不放的盐),盛入盆中撒上葱花即可。

[黄鳝咸肋]

糟熘鱼片

选送单位： 国网上海市电力公司
食堂名称： 公司本部食堂
菜品原创人：孙建明

夏

主　料		辅　料	
净龙利鱼	400克	黑木耳(水发)	25克
		生姜	2片

🍲 烹饪工艺

1. 龙利鱼批成斜切片，用水漂浸后捞出，挤干水分，放入碗内，用鸡蛋清、盐、水、生粉上浆。黑木耳摘取根蒂，洗去泥沙，焯水后待用。
2. 铁锅放入水烧开，鱼片逐片投入至鱼片略卷起后沥出；黑木耳用开水烫后捞出，沥干水分一起装入烩盘中。
3. 铁锅加水、盐、糖、糟卤烧沸后，用水淀粉勾成溜芡，淋上油，浇在鱼片上即可。

【糟熘鱼片】

特色熏鱼

选送单位： 国网上海市电力公司检修公司
食堂名称： 检修公司本部食堂
菜品原创人：祁明灯

主　料

草鱼中段　　500克

辅　料

葱　　　少许
姜　　　少许
冰糖　　少许

🍲 烹饪工艺

1. 将鱼身平放在案板上，顺着鱼的脊梁骨平劈开；将带脊梁骨的一半鱼身，切成约1厘米厚的鱼块，放入篮子里晾干表面水分。
2. 把酱油、冰糖、葱、姜、料酒、五香粉、清水一起放入锅中，煮30分钟熬成卤。
3. 炒锅烧热，加入油烧热至七成热，将鱼块逐块放入油锅中炸至两面金黄酥脆捞出（炸时不宜经常翻动，以免弄碎鱼块）。
4. 把炸好的鱼块迅速浸入煮好的卤汁中，浸泡15分钟后捞出即可。

【特色熏鱼】

糯米荷叶鸡

选送单位： 国网上海市电力公司
食堂名称： 公司本部食堂
菜品原创人：孙建明

主　料	
去骨鸡腿	400克

辅　料	
荷叶	2张
糯米	100克
葱花	20克
生姜	2片

🍲 烹饪工艺

1. 荷叶清水浸泡半小时，使荷叶回软后，用其紧裹糯米时，可使荷香被充分吸收。
2. 糯米浸泡1小时，加盐、酱油、糖拌匀。
3. 鸡块（去骨鸡腿肉）改刀成5厘米左右的方块，同时放入酱油、糖腌制。
4. 将鸡、糯米分别包成枕头包，上笼蒸2小时（先用大火烧沸后改为中小火）即可。

[糯米荷叶鸡]

黑椒牛仔骨

选送单位： 上海久隆电力（集团）有限公司
食堂名称： 久隆集团本部食堂
菜品原创人：许斌

主　料	
牛仔骨	400克

辅　料	
洋葱	100克
青红椒	100克
鸡蛋	2只

🍲 烹饪工艺

1. 牛仔骨斩块，加鸡蛋、老抽、黑椒碎、生粉腌制2小时待用。
2. 洋葱、青红椒洗净切块。
3. 将锅置旺火上放油，烧至六成热，放入已腌制过的牛仔骨过油煎熟。
4. 洋葱、青红椒过油备用。
5. 锅烧热加少许油，下蚝油、黑椒碎煸香炒匀，加料酒、老抽、糖少许调味。
6. 将过油后的牛仔骨下锅急速翻炒，再下洋葱、青红椒，勾芡后装盘。

【黑椒牛仔骨】

夏 长

夏日炎炎,万物生长,现在可是一年里菜品最丰富的时候,
各种新鲜蔬菜一股脑儿集中上市,
丝瓜、苦瓜、黄瓜、冬瓜、西葫芦……
这些瓜菜都是露天里自然长熟的,味道最好,
会在漫长的夏天给你带来清爽的口感。

下沙烧卖

选送单位： 上海市南电力（集团）有限公司
食堂名称： 市南集团工程公司食堂
菜品原创人：谭月英

主　料	
猪前腿肉	250克
竹笋	3个
猪皮冻	一小碗
烧卖皮	500克

烹饪工艺

1. 猪肉馅加盐、调味料（一点点，多了会盖住竹笋的鲜味），加清水朝一个方向搅拌上劲。
2. 猪皮去肥膘焯水后加生姜煮透，冷冻后切细丁。
3. 竹笋开水焯过后切细末，然后和猪肉馅、皮冻一起往一个方向拌匀。
4. 烧卖皮包入馅心，水烧开后蒸10分钟后即可。

TIPS

相传南宋建炎年间（1127－1130年），朝廷在下沙地区建盐场设盐监署。经济繁荣，招来倭寇入侵，朝廷派兵下沙抗倭寇。为了犒赏军队，老百姓便制作精美的点心慰劳将士，当时正逢新笋出土，使用这作为原料，包出了馄饨不像馄饨，饺子不像饺子的点心，深得将士喜爱，有人问这是什么点心，乡亲们风趣地说:"边烧边卖"，烧卖由此而得名。

[下沙烧卖]

芹菜锅贴

选送单位： 国网上海市电力公司青浦供电公司
食堂名称： 青浦公司本部食堂
菜品原创人：朱红

主　料		辅　料	
锅贴皮	200克	皮冻	少许
肉糜	300克	葱	少许
芹菜	200克	姜	少许

烹饪工艺

1. 起锅烧水，待水开后放入芹菜焯水后切末，再放入肉糜、皮冻、姜末调味拌匀后备用。
2. 取出锅贴皮，将拌好的芹菜肉糜包入即可。
3. 起锅热油（尽可能使用平底锅），将包好的锅贴排列在锅中，煎至底部微黄色后，加入少量的水，加盖10～12分钟收水、煎黄变脆即可，出锅前再撒上葱花、芝麻，煞是好看，好吃。

TIPS

相传"老佛爷慈禧太后"特别喜欢吃饺子。有一次，下人为她做的饺子放的时间长了，凉了。她顿觉无味，抛弃不吃。结果下人们没有扔，而是煎着吃了。这一煎，香味四溢，又被"老佛爷"闻到。一品尝，唷！原来比水煮的饺子还好吃啊。

【芹菜锅贴】

青团

选送单位： 上海市南电力（集团）有限公司
食堂名称： 市南集团松江分公司食堂
菜品原创人：李金弟

主　料		辅　料	
糯米粉	250克	热水	80克
艾草汁	140克		
黏米粉	40克		
豆沙	150克		
食用油	30克		

烹饪工艺：

1. 艾草嫩头洗净过水，挤干水分，切段加入热水，用料理机打成泥。
2. 糯米粉、黏米粉、艾草汁、植物油揉成面团。
3. 分成40克左右的小剂子，再包入豆沙。
4. 蒸笼垫上纱布，摆入青团，青团上刷上一层薄油，水烧开后蒸12分钟。
5. 出笼，包上保鲜膜，既防粘又方便拿取。

TIPS

在清明前后吃青团的食俗可追溯到两千多年前的周朝。据《周礼》记载，当时有"仲春以木铎循火禁于国中"的法规，于是百姓熄炊，"寒食三日"。在寒食期间，即清明前一、二日，还特定为"寒日节"。

【青团】

鸡粥

选送单位： 国网上海市电力公司市北供电公司
食堂名称： 市北公司本部食堂
菜品原创人：李玉瑧

主 料

鸡肉	50克
大米	300克

辅 料

葱花	适量
胡椒粉	适量
姜末	适量
榨菜	适量

烹饪工艺

1. 鸡肉煮熟，撕成丝，汤留用。
2. 米洗净，放入鸡汤煮成粥，加入鸡丝。
3. 装入碗中，撒葱花、姜末、胡椒粉，滴少量麻油。

TIPS

掌握好烧粥的米和汤水的比例，确保粥的浓稠适中，掌握火候、防止糊底。

[鸡粥]

葱油饼

选送单位： 上海东捷建设（集团）有限公司
食堂名称： 东捷集团浦东分公司食堂
菜品原创人：沈琪

主　料		辅　料	
中筋面粉	450克	猪油	100克
葱花	适量	酵母	5克
热水	200毫升		
低筋面粉	200克		

🍵 烹饪工艺

1. 面粉跟温水的比例按 2:1 将面粉和成面团，揉匀表面光滑，里面没有干面粉即可。
2. 将和好的面团分成段，将分好的面块，揉成团，表面光滑，将面团擀制成饼，越薄越好（越薄做出的饼层越多层），放入适量的猪油和葱花，均匀地抹平，油包在里面，饼香且不油腻，撒上适量的盐
3. 将切好的葱花均匀地撒在上面，一切准备就绪，将饼卷起来，将卷好的饼拧成小段面团，将分好的面团擀制成饼。
4. 一切准备就绪，锅中加入油，中小火，将饼放入，两面煎至金黄即可出锅。

TIPS
葱油饼相传是东汉时期山东的烧饼铺卖的饼之一，是一种由面团混合葱花加油放在加热的铁盘上煎平，形成一大片圆形的饼，直径约有 50 厘米，煎至金黄色，表皮口感酥脆，可加酱油、辣椒酱调味，也可加蛋一起煎。

【葱油饼】

腌笃鲜

选送单位： 上海久隆电力（集团）有限公司
食堂名称： 久隆集团本部食堂
菜品原创人：许斌

主　料	
五花肉	200克
咸肉	150克

辅　料	
竹笋	300克
百叶结	50克
葱、姜	适量

 烹饪工艺

1. 五花肉、咸肉刮净残毛，污物洗净后切成约4厘米长、2厘米宽的长方块，置锅在旺火加入清水煮沸，投入肉料焯水后，冲凉待用。
2. 竹笋去皮、去根，洗净切成约4厘米长、1.5厘米宽的滚刀块，百叶洗净，改成条状打花结待用。
3. 另起锅加水，下葱、姜、料酒、肉、笋大火烧开，去沫改小火炖煮1小时左右，下百叶结，再煮15分钟，调味装盘。

［腌笃鲜］

荠菜豆腐羹

选送单位： 上海闸北电厂
食堂名称： 闸北电厂食堂
菜品原创人：吴伟良

主　料	
荠菜	50克
豆腐	1盒
瘦肉	50克

 烹饪工艺

1. 瘦肉洗净切丝，加入盐、胡椒粉、料酒，生粉上浆15分钟待用。
2. 荠菜择去黄叶，洗净，去根，切成末；豆腐一盒切成小四方形；待用。
3. 坐锅热油，放入上好浆的肉丝煸炒。
4. 锅中加水，待水煮开后加入豆腐。
5. 水再次煮开后转小火加热5分钟，加盐；转大火放荠菜末，搅拌均匀。
6. 加湿淀粉勾芡，出锅即可。

TIPS

荠菜含有丰富的维生素C，可防止硝酸盐和亚硝酸盐在消化道中转变成致癌物质亚硝胺，可预防胃癌和食管癌。荠菜含有大量的粗纤维，食用后可增强大肠蠕动，促进排泄，从而增进新陈代谢，有助于防治高血压、冠心病、肥胖症、糖尿病、肠癌及痔疮等。豆腐健脑的同时，还能抑制胆固醇的摄入。大豆蛋白能显著降低血浆胆固醇、甘油三酯和低密度脂蛋白，不仅可以预防结肠癌，还有助于预防心脑血管疾病。

[荠菜豆腐羹]

油焖春笋

选送单位： 国网上海市电力公司青浦供电公司
食堂名称： 青浦公司本部食堂
菜品原创人：曹坚

主　料	
春笋	500克

烹饪工艺

1. 剥除春笋外壳洗净，切成滚料块焯水待用。
2. 锅烧热放油，油温烧至五分熟，倒入春笋炸熟捞出沥油待用。
3. 锅留余油，倒入春笋加汤汁、调料焖烧入味，勾芡，淋麻油，出锅装盘。

TIPS

"油焖春笋"是一道汉族传统风味菜肴，属浙菜系。它选用清明前后出土的嫩春笋，以重油、重糖烹制而成，色泽红亮，鲜嫩爽口，鲜咸而带甜味，百吃不厌。

〔油焖春笋〕

香干马兰头

选送单位： 国网上海市电力公司市区供电公司
食堂名称： 市区公司本部食堂
菜品原创人：李国富、王从标

主 料	
马兰头	300克
香干	2块

🌿 烹饪工艺

1. 马兰头拣去杂草洗净待用。
2. 置锅在旺火上放冷水煮沸后，投入洗净的马兰头进行焯水后，即刻浸入食用冰水中漂凉，捞出挤干，切末，待用。
3. 香干洗净焯水，用干净毛巾控干水分，改刀成末待用。
4. 锅烧热放油，倒入马兰头、香干末，先加调料拌匀，再滴入香油拌匀，最后装盆即可。

TIPS

原料改刀加工需在专间内，操作防止生熟交叉污染，用少量温水将调料调匀冷却后再与菜拌匀。

【香干马兰头】

白灼芥兰

选送单位： 上海市南电力（集团）有限公司
食堂名称： 市南集团本部食堂
菜品原创人：程晓军

主　料		辅　料	
芥兰	500克	姜	适量
		红椒	1只

🍲 烹饪工艺

1. 先将芥兰摘掉老叶，去掉根部老皮，切成长条，生姜、红椒切丝待用。
2. 锅内放水烧开，芥兰焯水，捞出浸入凉开水中片刻，沥干水分，装盒。
3. 锅内热油，下姜丝和红椒丝煸炒出香味下调料，做成姜汁。
4. 将做好的姜汁淋在排好的芥兰上，挑走姜丝。

TIPS

芥兰的胡萝卜素，维生素 C 含量非常高，经常食用还有助于降低胆固醇，软化血管、预防心脏病，非常适合春季食用。

[白灼芥兰]

八宝辣酱

选送单位： 国网上海市电力公司浦东供电公司
食堂名称： 浦东公司本部食堂
菜品原创人：王励

主　料

猪肉	50克
鸡胗丁	50克
熟猪肚丁	50克
虾仁	20克
青豆	20克
花生	20克
茭白丁	20克
豆腐干丁	20克

烹饪工艺

1. 将猪肉、鸡胗、熟猪肚、茭白、豆腐干切成1厘米见方的小丁，猪肉、虾仁、鸡胗丁上浆待用。
2. 锅放灶上烧热，用油滑锅，加油烧至三四成热。肉丁、鸡胗丁、虾仁滑油，出锅时倒入青豆。
3. 花生仁炸熟，茭白丁、豆腐干丁过水。
4. 锅内加5克油烧热，下豆瓣酱、辣椒酱、甜面酱各10克炒香，加黄酒、酱油、糖、盐，加入30毫升开水转旺火，用淀粉勾芡，关火；倒入肉丁、鸡胗丁、熟肚丁、茭白丁、豆腐干丁翻炒几下，淋油出锅装盘。
5. 放青豆、花生、虾仁既成。

TIPS

色泽鲜艳，软硬适度。香辣，咸中带甜。

[八宝辣酱]

酒香草头

选送单位： 国网上海电力公司客户服务中心
食堂名称： 客户服务中心食堂
菜品原创人：吴定峰

主 料

草头　　　　　　400克

烹饪工艺

1. 草头摘去细梗，取其嫩叶洗净，沥干水分。
2. 在草头上撒上适量的盐、白酒，再加一小撮糖，以去除白酒的苦味。
3. 置锅于旺火上加适量的油，烧至7成热。
4. 倒入草头，快速翻炒即可。

【酒香草头】

上汤芦笋

选送单位： 国网上海市电力公司嘉定供电公司
食堂名称： 嘉定公司本部食堂
菜品原创人：朱晓波

主　料	
芦笋	350克
皮蛋	2只

辅　料	
榨菜	少许
黑木耳（水发）	少许

烹饪工艺

1. 将芦笋切成段，皮蛋、榨菜切丁，黑木耳冷水浸发洗净，用热水焯水后，沥干备用。
2. 将芦笋放入沸水中焯水待用。
3. 把皮蛋、榨菜、黑木耳、高汤放入锅内，加入所有调料，烧开，淋在芦笋上即可。

TIPS

低糖、低脂肪、高纤维素和高维生素的芦笋是近些年才逐步进入人们视野中的一种蔬菜，简单的烹饪方法加上鲜嫩脆爽的口感博得了不少人的欢心。尝上一口，味道鲜美、清爽可口、增进食欲，给春季进补的你，增添了一道清爽佳品。

【上汤芦笋】

葱油蚕豆

选送单位： 上海市电力公司培训中心
食堂名称： 培训中心食堂
菜品原创人：陈忠虎

主　料	
蚕豆	350克
小葱	200克

🍲 烹饪工艺

1. 准备好蚕豆和小葱。
2. 葱洗净后切成段，沥干。
3. 锅洗净后放入适量的油，用中小火慢慢的熬制。
4. 熬制葱段彻底变黄，葱油即熬好（沥出的葱油可密封保存）。
5. 锅内多留些葱油，倒入蚕豆不断翻炒，炒至蚕豆基本爆开（这一步很重要，蚕豆要裂开才能更好的入味）。
6. 加入少许水、盐和糖煮10分钟左右至蚕豆彻底入味（煮的时候也不要太长，只要蚕豆入味就可以了，时间太长，蚕豆的壳和肉就完全分离了）。
7. 出锅前撒入葱花炒匀（这样葱香味更浓郁，如果不想熬葱油，那就在油锅中多用一点葱白爆香，出锅前再多撒些葱花也可以）。

TIPS

蚕豆中的维生素C可以延缓动脉硬化，蚕豆皮中的膳食纤维有降低胆固醇、促进肠蠕动的作用。现代人还认为蚕豆也是抗癌食品之一，有对预防肠癌的作用。

【葱油蚕豆】

韭菜目鱼

选送单位： 国网上海电力公司青浦供电公司
食堂名称： 青浦公司本部食堂
菜品原创人：曹坚

主　料		辅　料	
韭菜	250克	姜	10克
目鱼	150克		

🥘 烹饪工艺

1. 韭菜洗净，切成4厘米的段备用。
2. 新鲜目鱼洗净，在上面剞十字花刀后切成4厘米小段，放入姜片加水浸泡约20分钟后，焯水再用冷水浸透备用。
3. 起锅热油至七成热，下韭菜翻炒后下目鱼须，再入调味品后翻炒均匀至熟即可出锅。

TIPS

韭菜目鱼须这道春季时令菜，深受每家每户的欢迎，不管其味道或者是营养如何，这一丝碧绿色带来了春的气息，不仅能搭配目鱼须，还可以配鸡蛋、蚬子肉等，韭菜可谓是"小百搭"。

[韭菜目鱼]

红烧小黄鱼豆腐

选送单位： 国网上海市电力公司金山供电公司
食堂名称： 金山公司本部食堂
菜品原创人：张仁辉

主　料

小黄鱼	250克
旭阳豆腐	250克

🍲 烹饪工艺

1. 小黄鱼去内脏，洗净，去除头部黑衣除腥，小黄鱼背上剞一字花刀待用。
2. 旭阳豆腐切成长5厘米宽2厘米的块待用。
3. 锅中加油烧至六七成热，放入小黄鱼煎一下，然后将小黄鱼捞出，倒去油，锅底留少许油，放入姜末、蒜泥煸一下，放入小黄鱼，再加入料酒、老抽、水、糖、胡椒粉，然后烧5分钟左右，加入豆腐块，煮透收汁，加入湿淀粉勾芡，放入葱花出锅即可。

【红烧小黄鱼豆腐】

草头圈子

选送单位： 国网上海市电力公司嘉定供电公司
食堂名称： 嘉定公司本部食堂
菜品原创人：朱晓波

主　料

猪大肠头部	500克
草头（苜蓿芽）	150克

辅　料

大蒜	3瓣
姜	3片
大葱	5克
花椒	5粒

🍲 烹饪工艺

1. 将猪大肠用清水泡，再放入面粉、香醋或盐，搓去腥味，冲洗干净，把肠翻转过来，去掉里面的肠油残渣。然后再翻过来套成两层。
2. 把处理好的大肠用热水焯3分钟定型，然后用凉水冲洗干净。
3. 将猪大肠放入锅中，加水，放入葱、姜、大料、花椒、胡椒粉，大火烧开，转文火煲90分钟，炖至大肠酥软呈白色即可。
4. 将煮熟的大肠切成2厘米的段备用。注意要趁热来切，否则容易粘刀。
5. 锅放热油，放入大肠，加入姜片、蒜瓣、酱油、白糖、醋、盐，倒入高汤（没过大肠为宜），大火烧开，加入料酒，移至小火盖盖焖15分钟收汁，然后加湿淀粉少许勾芡。
6. 将草头摘洗后洗净待用，锅内放入少量精油烧热，将草头放入加盐用旺火煸炒，出锅，最后将烧好的大肠放在煸炒好的草头上即可。

［草头圈子］

暴腌五花肉蒸厚百叶

选送单位： 上海久隆电力（集团）有限公司
食堂名称： 久隆集团本部食堂
菜品原创人：许斌

主　料		辅　料	
五花肉	300克	葱姜	适量
厚百叶	200克		

烹饪工艺

1. 盐、花椒炒香冷却待用。
2. 五花肉洗刮干净，倒入水锅煮至断生，稍凉后改刀，切厚片。
3. 加盐、花椒、白酒腌制8小时。
4. 将厚百叶切丝，投入锅中焯水。
5. 将厚百叶丝放入盘底、将五花肉片皮朝上整齐排列装盘，放葱姜上笼蒸熟。
6. 锅烧热放少量油，放入葱花煸香，倒入原汁加调料烧开，待汁水略稠起锅倒入已蒸菜肴之上即可。

TIPS

花椒、盐炒香、晾凉，五花肉必须腌制8小时以上。
肥而不腻，咸鲜入味，是夏季佐餐的理想美食。

【暴腌五花肉蒸厚百叶】

小葱肉皮

选送单位： 上海久隆电力（集团）有限公司
食堂名称： 久隆集团本部食堂
菜品原创人：许斌

主　料		辅　料	
肉皮	500克	黑木耳(水发)	30克
菜心	100克	高汤	600毫升
葱花	50克		

🍲 烹饪工艺

1. 水发肉皮切菱形块、水发黑木耳、菜心洗净待用。
2. 取锅旺火下水烧开，分别将肉皮、黑木耳洗净进行焯水、冲凉。
3. 炒锅洗净下高汤，投入肉皮煮沸，加入调味改小火略煮，使其入味，改大火放入黑木耳、菜心再煮片刻。
4. 装盘，撒上葱花。

【小葱肉皮】

肉糜蛋卷

选送单位： 国网上海市电力公司松江供电公司
食堂名称： 松江公司本部食堂
菜品原创人：张俊

主　料		辅　料	
鸡蛋	150克	葱	少许
上等夹心肉	500克	姜	少许

烹饪工艺

1. 夹心肉洗净，剁成肉糜备用；鸡蛋打成蛋液备用。
2. 肉糜内倒入料酒和盐，加水，搅拌肉糜上劲，待肉糜没有水分而变得粘稠后，放入生粉，拌匀。
3. 炒锅加热，进行滑锅，留少许底油，将蛋液倒入，摊成蛋皮出锅待用。
4. 将肉糜均匀地涂抹在蛋皮上，厚度约为0.5厘米，将蛋皮两边向中间卷起，制成如意形状蛋卷，放入蒸箱，大火蒸约15分钟即可。
5. 将蛋卷切成长度为2厘米的段，装盘即可。

TIPS

这道肉糜蛋卷，外皮金灿灿，形似如意，被人称为"黄金如意卷"，金灿灿的蛋皮喻为"黄金满仓"，如意形状喻为"万事如意"。

【肉糜蛋卷】

豆豉扇形鲈鱼

选送单位： 国网上海市电力公司市南供电公司
食堂名称： 市南公司宜山路基地食堂
菜品原创人：陈杰

主　料		辅　料	
鲈鱼	750克	双椒粒	50克
		姜	50克
		豆豉	50克

🍲 烹饪工艺

1. 先刮净鲈鱼鱼鳞，再开肚去肠，洗净里面的黑衣膜（去腥）。
2. 把鲈鱼从头到尾贴着脊骨一片为二，然后把一片有头有尾的鱼片再一分二，去头去尾，最后改成扇形状洗净待用。
3. 锅内加入少许油，把豆豉粒炒香出锅待用。
4. 锅内入少许油，滑锅，至少反复三遍（烧热油倒出，再加油烧热倒出，防止粘锅）。锅内加入少许油入鱼块，略煎加入黄酒、水、老抽、糖、豆豉等。大火烧开，中火烩制，再改用大火收汁，出锅装盆成扇形。双椒粒，水煮沸后出锅之前沥干水分，撒落在扇形鱼上即可。

〖豆豉扇形鲈鱼〗

清蒸淀山湖白丝鱼

选送单位： 国网上海市电力公司青浦供电公司
食堂名称： 青浦公司本部食堂
菜品原创人：曹坚

主　料		辅　料	
野白丝鱼	400克	生姜丝	10克
		京葱丝	10克

烹饪工艺

1. 先将白丝鱼去鳞去除内脏，将内壁黑膜取净（可以去腥）。
2. 用姜汁水浸泡白丝鱼段15分钟左右，洗净鱼段放入盘中，撒上调味料和葱姜片，上笼蒸15分钟左右即可出笼。
3. 起锅热油至8成热时，淋在鱼上，再滴上生抽即可。

TIPS

谈到白丝鱼，人们肯定会想到"太湖三白"，其中一白指的就是白丝鱼，而淀山湖白丝鱼由于淀山湖水质优良，造就了其良好的生长环境，所生长出的白丝鱼可谓味美鲜香，令人垂涎三尺。

〔清蒸淀山湖白丝鱼〕

白斩崇明家户鸡

选送单位： 国网上海市电力公司崇明供电公司
食堂名称： 崇明公司本部食堂
菜品原创人：顾永才

主 料		辅 料	
鸡	500克	生抽	15克
料酒	25毫升	香菜	5克
生姜	10克		

烹饪工艺

1. 活鸡宰杀、煺毛，取出内脏（可以在买鸡时让摊主收拾干净），光鸡洗净备用。
2. 汤锅内加入足够淹没鸡的清水，加入葱段姜片，大火烧开，将洗净的鸡放入，再次烧开后转小火，加料酒撇去浮沫。
3. 10～15分钟后用筷子戳一下鸡肉最厚的部位，如没有血水流出，立即关火。
4. 迅速捞起鸡浸入冷开水中，让鸡在冷开水中自然冷却。
5. 欣和酱油(六月鲜)和清水以 1:1 的比例混合，加入少许白糖和鸡精煮开融化，冷却后撒上葱姜末，淋上芝麻油制成蘸料备用。
6. 待鸡冷却后，将鸡捞出，控去汤汁。
7. 改刀斩件装盆，放上香菜点缀。食用时蘸调料即可。

TIPS

白斩鸡形状美观，鸡肉皮黄肉白，肥嫩鲜美，滋味异常鲜美，十分可口。始于清代的民间酒店，因烹鸡时不加调味白煮而成，食用时随吃随斩。

[白斩崇明家户鸡]